Sunil Mahajan
Prakash Sutar
Tushar Patil

Investigação experimental sobre o melhoramento da transferência de calor usando Turbulat

Sunil Mahajan
Prakash Sutar
Tushar Patil

Investigação experimental sobre o melhoramento da transferência de calor usando Turbulat

ScienciaScripts

Imprint

Any brand names and product names mentioned in this book are subject to trademark, brand or patent protection and are trademarks or registered trademarks of their respective holders. The use of brand names, product names, common names, trade names, product descriptions etc. even without a particular marking in this work is in no way to be construed to mean that such names may be regarded as unrestricted in respect of trademark and brand protection legislation and could thus be used by anyone.

Cover image: www.ingimage.com

This book is a translation from the original published under ISBN 978-620-4-74678-4.

Publisher:
Sciencia Scripts
is a trademark of
Dodo Books Indian Ocean Ltd. and OmniScriptum S.R.L publishing group

120 High Road, East Finchley, London, N2 9ED, United Kingdom
Str. Armeneasca 28/1, office 1, Chisinau MD-2012, Republic of Moldova, Europe
Printed at: see last page
ISBN: 978-620-5-59939-6

Conteúdos

RECONHECIMENTO

Gostaríamos de expressar a nossa profunda e sincera gratidão ao nosso guia, Prof.K.U.Shinde e H.O.D. do Departamento de Mecânica, Prof. Sem eles a orientação e a ajuda persistente, este relatório não teria sido possível. Estamos especialmente gratos ao colégio e ao nosso respeitado Prof. Dr.D.P.Patil e coordenador de projecto Prof. S. B. Ambekar por nos fornecerem todas as instalações e orientação de que necessitávamos para completar o nosso trabalho de projecto. Expressamos a nossa profunda gratidão ao nosso guia de projecto Prof.K.U.Shinde pelo seu constante encorajamento e valiosa orientação durante a conclusão do nosso trabalho de projecto. Ele é um verdadeiro guia que nos guiou com valores morais. Estamos gratos ao Dr. A. S. Dube, HOD Mechanical Engineering, por nos ter apoiado na concepção do trabalho do projecto, bem como por nos ter fornecido orientações de tempos a tempos. Estamos profundamente gratos e gostaríamos de expressar os nossos sinceros agradecimentos ao Dr. D.P.Patil, Director do SIEM, pelo seu apoio. Aproveitamos esta oportunidade para agradecer a todo o pessoal do Departamento de Mecânica pela sua cooperação e ajuda durante este trabalho. Finalmente, expressamos os nossos sentimentos honestos e sinceros para com todos aqueles que directa ou indirectamente nos encorajaram, nos ajudaram, e nos criticaram na realização do nosso trabalho de projecto.

Sr. Prashant Wagh	(B150831003)-71626973C
Sr. Sarvesh Navandar	(B150830966)-71553612F
Senhorita. Payal Wagh	(B150831002)-71844975E
Sr. Gaurav Yeole	(B150831008)-71844988G

ABSTRACT

A Extrusão de espuma EPE é um processo de fabrico utilizado para criar objectos de espuma com um perfil transversal fixo. Um material é empurrado através de um molde da secção transversal desejada. Foi apresentada uma breve e concisa revisão das contribuições feitas pelos investigadores anteriores na área do processo de extrusão de espuma. O processamento de espuma necessita do conhecimento básico das matérias-primas, aditivos, controlo do processo e, finalmente, das propriedades do produto necessárias para o acabamento dos produtos finais. Os materiais de espuma têm uma combinação útil de propriedades que podem ser modificadas para uma vasta gama de aplicações usadas. Na espuma, as técnicas de processamento podem ser classificadas em processo descontínuo ou contínuo. O processo por lote inclui a moldagem por injecção. A extrusão de espuma é um processo contínuo. Contudo, a moldagem de espuma está disponível tanto em processo descontínuo como em processo contínuo. Hoje em dia, as máquinas termoformadoras de espuma contínua estão disponíveis juntamente com o processo de extrusão. Contudo, a melhoria dos defeitos e dos parâmetros do processo continua a ser uma área muito pouco estudada e há uma necessidade real de consolidar as melhores práticas da investigação e da indústria de extrusão de espuma, a fim de aumentar a sua implementação. O objectivo deste projecto é a concepção e desenvolvimento de uma máquina de extrusão de espuma descrita, a qual reduzirá os problemas de fabrico. A descrição do relatório do projecto inclui uma classificação da extrusão de espuma, aplicações históricas e recentes, o processo de produção e características das ferramentas, as principais propriedades mecânicas e a sustentabilidade ambiental. Ao longo do projecto, o foco será colocado na optimização do método de produção da extrusão de espuma. Neste contexto, é apresentada uma técnica inovadora de secagem que utiliza conceitos derivados da tecnologia de produção de extrusão de espuma.

Palavras-chave: extrusão de espuma, defeito de produto, melhoria da produção, desenvolvimento de desenho de moldes

INTRODUÇÃO

O processo de extrusão é o processo mais utilizado na Índia e representa ~60% do consumo total pelas indústrias de transformação a jusante. A moldagem por injecção é o outro processo popular, responsável por ~25% do consumo. A moldagem por sopro é utilizada para ~5% enquanto a moldagem por Roto 1% enquanto o resto do plástico é processado através de outros processos. A partir dos dados acima, podemos ver que ~60% do processo de extrusão é utilizado na indústria, mas tem sido observado que existem muitos problemas no processo de extrusão que levam a produtos defeituosos. Nos produtos de extrusão, os defeitos devidos ao processamento incluem, má compreensão do método de processamento, utilização de máquinas antigas, falta de pessoal treinado, avaria de máquinas. Devido a isto, torna-se essencial que as indústrias tenham um melhor processo de extrusão.

A extrusão é um processo amplamente utilizado na indústria e no equipamento da vida quotidiana. É outro tipo de processo de fabrico que envolve tosquia e compressão. A aplicação prática da extrusão inclui o corrimão para portas de correr, tubos com várias secções transversais, formas estruturais e arquitectónicas, e caixilhos de portas e janelas. Os produtos extrudidos podem ser cortados em comprimentos desejados, que depois se tornam peças discretas. É um processo em que os produtos necessários podem ser formados através da utilização de matrizes redondas ou podem ter formas variadas. Este processo compreende, normalmente, a matriz aximétrica. O ângulo da matriz, a redução da secção transversal, a velocidade de extrusão, a temperatura do bico e a lubrificação, tudo isto afecta a pressão de extrusão. A extrusão é geralmente classificada em quatro tipos. São eles: Extrusão directa, extrusão indirecta, extrusão de impacto e extrusão hidrostática. Na extrusão directa, um carneiro sólido conduz todo o bilete para e através de uma matriz estacionária e deve fornecer potência adicional para ultrapassar o poder de fricção para superar a resistência de fricção entre a superfície do bilete em movimento e a câmara de confinamento. A extrusão é um dos principais processos de formação de metais utilizados na transformação do tamanho e forma dos materiais de um lingote para um produto útil.

A extrusão é um processo de deformação plástica em que os planos atómicos deslizam uns sobre os outros quebrando as ligações atómicas e formando novas ligações para obter a forma do perfil no molde. A extrusão é principalmente dividida em processos de extrusão directa e indirecta. A extrusão indirecta proporciona um maior controlo dimensional em todo o comprimento da extrusão, uma vez que o atrito entre o bilete e a parede do recipiente está ausente, levando a um processo quase estável (ou seja, temperatura de saída constante, fluxo de material constante, etc.). A qualidade da extrusão produzida é muito elevada, mas a produtividade do processo deve ser comprometida. No entanto, é possível alcançar altas taxas de produtividade utilizando o processo de extrusão directa, uma vez que o longo tempo de ciclo morto para a remoção da casca do bilete do recipiente é eliminado. A qualidade da extrusão não é tão elevada como a extrusão indirecta, mas pode ser melhorada através do controlo dos parâmetros do processo. A extrusão de espuma está a ser amplamente utilizada no fabrico de perfis bidimensionais simples contínuos através dos quais várias densidades de espuma poderiam ser obtidas. A morfologia da espuma de extrusão poderia ser controlada através do controlo de vários parâmetros, tais como perfil de temperatura da matriz, geometria da matriz (ou seja, relação L/D), pressão da matriz e taxa de queda de pressão, propriedades reológicas de fusão, cinética de cristalização da mistura polímero/gás, e o tipo e conteúdo dos agentes de sopro. Entre os agentes de sopro, apesar da sua elevada solubilidade na fusão do polímero. Neste projecto tentaremos fazer a optimização do processo na máquina de extrusão de espuma e corte, superando os problemas existentes.

1.1. Declaração de Problemas:

Recentemente na indústria, houve um problema na máquina de corte e extrusão de espuma. A espuma é amplamente utilizada em várias aplicações. Para sugerir as melhorias & para fazer modificações na máquina de extrusão de espuma na indústria, estávamos a trabalhar neste projecto para melhorar a produtividade. Como por preocupação de produção há uma perda de produção devido ao trabalho de sucata durante problemas de extrusão & máquina de corte, é necessário definir um projecto de alinhamento adequado & substituição da peça da máquina para maior produção r

Problemas na máquina de extrusão de quatro matrizes: Devido a quatro máquinas de extrusão de matrizes, foi muito difícil controlar o fluxo na máquina. Todas as matrizes tinham um fluxo irregular e, portanto, causavam enormes variações no diâmetro exterior, diâmetro interior, deslocamentos e tinham más superfícies. O fluxo de gás, cera, e talco era irregular. Para controlar a velocidade da máquina auxiliar de corte de tubos capilares estava fora de controlo. Isto provocou a colocação de tubos rejeitados na própria máquina, que consumiam a área máxima das instalações da empresa. A rejeição total na máquina foi de 75-80%. Problemas na máquina de corte de espuma: A máquina tem a capacidade de cortar 800 tubos num ciclo de corte. 1 tubo comporta 17 peças de dardos, o que equivale a 13600 dardos num ciclo de corte. A cama era desigual, e o alinhamento das barras laterais era desigual. Isto causou problemas de afunilamento, bem como problemas de comprimento. A rejeição total na máquina de corte foi de 30- 40%. Inicialmente eram necessárias 15 pessoas na máquina. O molde de extrusão de espuma utilizado anteriormente tem problemas que não serão suficientes para o funcionamento eficaz da máquina, para que esta tenha trabalho de sucata nas operações. Portanto, este é um ponto de estudo para fazer alterações óptimas na ferramenta de extrusão, o que dará uma operação económica durante a extrusão de espuma. É necessário redesenhar e desenvolver uma nova máquina de extrusão de espuma, de modo a aumentar a taxa de produção e reduzir a sucata, o tempo de operação, o custo de maquinação.

1.2. Objectivos:

- O estudo do processo de extrusão de espuma na indústria para superar os problemas ocorre durante a produção.

1. Estudar soluções de desenho alternativo de máquina de extrusão de espuma.

2. Para estudar o tempo e a temperatura de melhoria do processo de extrusão de espuma.

3. Para redesenhar e fabricar uma máquina de corte de formulários.

•   Para estudar a quantidade de produção e reduzir o tempo, sucata, electricidade necessária durante a maquinagem.

•   Para estudar o desempenho dos parâmetros do processo de extrusão de espuma optimizada, utilizando novos métodos.

1.3. Âmbito do projecto:

O âmbito por detrás do redesenho & desenvolvimento da nova matriz de máquina de extrusão de espuma é, aumentar a taxa de produção & reduzir a sucata, o tempo de operação, o custo ofelectricidade através da definição de parâmetros óptimos de processo na máquina de extrusão & corte de espuma.

1.4. Metodologia e passos para resolver o problema:

O fluxograma abaixo mostra a operação/etapas sequenciais que serão realizadas durante o processo do projecto.

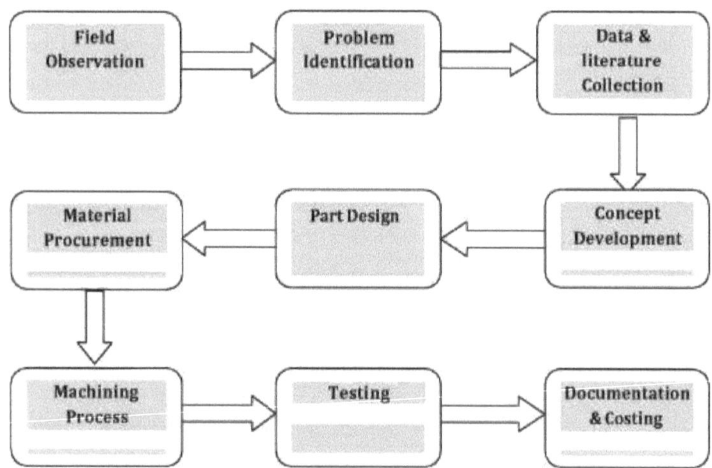

<u>**Metodologia e passos para resolver o problema**</u>

Neste capítulo são discutidos a introdução do projecto, bem como a definição do problema. Para resolver todos os problemas discutidos acima, estamos a produzir um novo molde de extrusão, uma vez que o nosso projecto sob este tema no nosso ano académico 2020 - 2021, estamos a preparar um modelo à escala de trabalho desta máquina. Propusemos uma metodologia para resolver os problemas. A nossa metodologia está dividida em diferentes partes, sob diferentes títulos.

A sequência da metodologia proposta é a seguinte -

1. Metodologia proposta1 - Inquérito de Informação Básica e Literatura.
2. Metodologia proposta 2 - Concepção de componentes de máquinas.
3. Metodologia proposta 3 - Selecção de Componentes para Máquina.
4. Metodologia proposta 4 - Modelação CAD & Fabricação de Machineparts.
5. Metodologia proposta 5 - Montagem, testes e documentação daMaquina.

1. Metodologia proposta 1: Inquérito de Informação Básica e Literatura.

Este relatório de projecto discute sobre como utilizar os dados da literatura e identificar os problemas a partir do campo. Ao estudar a literatura do sistema anteriormente disponível que ajuda a maximizar a produção, minimizando o esforço, o custo, o tempo e o dinheiro no futuro, desenvolve-se uma nova máquina.

2. Metodologia proposta 2: Identificação e concepção de componentes de máquinas disponíveis no mercado.

Este trabalho de projecto irá primeiro apresentar os antecedentes do estudo. Apresenta as restrições de concepção que influenciam a utilização, eficiência e benefícios dos seus impactos na máquina. Após a concepção das peças da máquina, todas as diferentes unidades de montagem da máquina existentes serão feitas para fazer um provável modelo de máquina.

2. Metodologia proposta 3: Selecção de Componentes para Máquina de acordo com as especificações de desenho.

Discutiremos a construção e o funcionamento dos componentes do sistema. Vários recursos e factores foram considerados para obter a informação sobre o projecto: Primeiro, a exigência do campo é a identificação. A especificação dos materiais pensados de acordo com a necessidade. Depois, a atribuição do orçamento é tida em consideração. Foram lidos diferentes trabalhos de investigação, visitámos muitos mercados e campos. Foram recolhidas orientações do pessoal do Colégio relativamente à

2. Metodologia proposta 4: Modelação CAD e fabricação de peças de máquinas.

Este trabalho de projecto começará a ser fabricado após a compra do material de especificação necessário e a realização de simulações de amostras que serão fáceis de visualizar. Após este processo de fabrico da máquina, após esta estimativa de custos da máquina, será feito o cálculo.

2. Metodologia proposta 5: Montagem e ensaio de máquinas.

Finalmente, após um processo de fabrico completo, testará o modelo de trabalho que satisfará ou não os objectivos prováveis. Depois disso, o trabalho completo e os testes de satisfação discutirão as vantagens e aplicações da máquina enquanto se realiza o funcionamento satisfeito com a elaboração de relatórios completos.

CAPÍTULO 1

REVISÃO LITERÁRIA

2.1. Revisão de Trabalhos:

Rahul Ranjan Yadav, Yogesh Dewang e Jitendra Raghuvanshi, fizeram o trabalho, Um estudo sobre o processo de extrusão de metal, de acordo com o seu trabalho, Extrusão é um processo de fabrico utilizado para criar objectos de um perfil transversal fixo. Um material é empurrado através de um molde da secção transversal desejada. Foi apresentada uma breve e concisa revisão das contribuições dos anteriores investigadores na área do processo de extrusão. O material de aço e as ligas de alumínio são maioritariamente utilizados pelos investigadores como material de molde e de biletes no processo de extrusão. A modelação FEM do processo de extrusão é levada a cabo empregando condições aximétricas na maioria dos casos. A malha da peça de trabalho é geralmente feita através da utilização de elementos quadriláteros aximetimétricos. São apresentadas e discutidas as configurações experimentais e as ferramentas utilizadas na formação do processo de extrusão. Os resultados FEM são apresentados em termos de variação do curso da punção, força da punção.

No corpo de trabalho apresentado neste artigo, o processo de extrusão é estudado considerando vários aspectos do processo de extrusão. É também apresentada uma breve e concisa revisão das contribuições dos anteriores investigadores na área do processo de extrusão. Verifica-se que os investigadores utilizaram material de alumínio para extrusão como material de peça de trabalho na maioria dos casos; no entanto, no passado recente, a utilização de liga de aço também foi iniciada. Descobriu-se também que os investigadores realizaram a modelação FEM do processo de extrusão empregando condições de eixo simétrico e problema modelado com meia geometria e quarto de geometria. A malha do coto é feita utilizando elementos quadriláteros de eixo simétrico. A simulação FEM é considerada uma metodologia poderosa e eficiente na análise do processo de extrusão de metal. [1]

Pankaj M.Patil, Prof. D.B. Sadaphale, fez o trabalho sobre, A Study of Plastic Extrusion Process and its Defects, de acordo com o seu trabalho, Extrusão é de longe o mais importante e provavelmente o mais antigo processo de transformação e moldagem de polímeros termoplásticos. Para assegurar uma qualidade através do processo de extrusão durante o fabrico, é essencial descobrir, controlar e monitorizar todos os parâmetros de qualidade. Alguns dos parâmetros importantes são o estado do equipamento, condições de trabalho, temperaturas, pressões, qualidade dos moldes, materiais e meio de arrefecimento. Em vez dos verdadeiros esforços dos fabricantes, existem ainda vários obstáculos no processo que mostram o caminho para defeitos no produto. O objectivo deste documento é compreender adequadamente o processo de extrusão e concentrar-se nos vários defeitos e no seu impacto na qualidade do produto. O processamento de plásticos necessita do conhecimento dos conceitos básicos de matérias-primas, aditivos, controlo do processo e, finalmente, das propriedades do produto necessárias para terminar os produtos finais. Os materiais plásticos têm uma combinação útil de propriedades que podem ser modificadas para uma vasta gama de aplicações usadas. Nos termoplásticos, as técnicas de processamento podem ser classificadas em processo descontínuo ou contínuo. O processo por lote inclui moldagem por injecção e roto-moldagem. A extrusão de plásticos é um processo contínuo. No entanto, a moldagem por sopro está disponível tanto em processo descontínuo como em processo contínuo. Hoje em dia, estão disponíveis máquinas de termoformagem contínua em linha juntamente com o processo de extrusão. Ao estudar vários papéis e livros sobre o processo de extrusão e os seus defeitos, observa-se que estes defeitos se devem à definição inadequada do parâmetro operacional. Ao aplicar os remédios acima referidos, é possível reduzir as perdas que ocorrem defeitos no produto. [2]

R.A. Orzel,' S.E. Womble,' F. Ahmed,' e H.S. Brasted, fizeram o trabalho sobre, Espuma Flexível de Poliuretano: A Literature Review of Thermal Decomposition Products and Toxicity, de acordo com o seu trabalho, Este relatório apresenta uma revisão exaustiva da literatura sobre a toxicidade dos produtos de combustão da espuma flexível de poliuretano e os produtos de decomposição térmica deste polímero. Foram comparados os resultados da toxicidade por combustão obtidos utilizando diferentes métodos de ensaio, mas medindo os mesmos parâmetros toxicológicos. Ou seja, o tempo até à incapacidade e o tempo até à morte utilizando os métodos de ensaio da USF e FAA foram em comparação. Também foram comparados os valores LCs0 utilizando o DIN, NBS, e a Universidade de Pittsburghtests. Os resultados indicam que, apesar da utilização de diferentes métodos de ensaio, densidades de espuma, formulações, retardadores de fogo e outros aditivos, os dados de toxicidade por combustão foram geralmente considerados comparáveis quando se compararam pontos finais semelhantes. Nem o CO nem o HCN pareciam ser a causa primária de morte devido aos produtos de combustão da espuma flexível de poliuretano, embora fossem provavelmente factores contributivos. Em condições de oxidação e pirólise, as espumas de poliuretano decompuseram-se num componente líquido de poliol e num "fumo amarelo". O poliol decompôs-se em CO, CO, e hidrocarbonetos de baixo peso molecular, incluindo cetonas, éteres, e/ou ésteres. A temperaturas elevadas (superiores a 8OO0C), o "fumo amarelo" decompôs-se em HCN e outros compostos contendo azoto, tais como acetonitrilo, acrilonitrilo, e benzonitrilo. O dobro do HCN foi produzido em condições pirolíticas como em atmosferas ricas em oxigénio. Foram produzidos vários tipos de areia de outros compostos de combustão, dependendo da temperatura e da disponibilidade de oxigénio. [3]

B. Herzhaft, fez o trabalho sobre, Rheology of Aqueous Foams: a Literature Review of some

Experimental Works, segundo a sua obra, Foam é um sistema disperso e instável por natureza, a sua caracterização reológica é muito difícil. Numerosos parâmetros têm de ser considerados e controlados: qualidade da espuma, ou seja, fracção de volume de gás, textura da espuma (distribuição do tamanho das bolhas), tamanho do aparelho de medição em comparação com o tamanho das bolhas, influência do método de produção de espuma, fenómenos de deslizamento das paredes e compressibilidade da espuma. A espuma deve ser estável e não deve evoluir durante o tempo de medição. Estes numerosos parâmetros explicam que não existe uma visão geral sobre o comportamento deste tipo de sistema. A influência da pressão e da temperatura não tem sido objecto de muitos estudos, mesmo sobre a espuma estática. Um método experimental rigoroso deve considerar e controlar estes parâmetros que afectam a estabilidade e estrutura da espuma. Relativamente a todos os estudos já realizados sobre reologia da espuma, a conclusão é que é necessário controlar diferentes parâmetros quando a viscosidade

as medições são efectuadas. A textura (distribuição do tamanho das bolhas) deve ser caracterizada concomitantemente com as medições reológicas. As medições da viscosidade com diferentes taxas de cisalhamento, ou seja, diferentes taxas de fluxo, devem ser efectuadas em espumas idênticas (em particular, com a mesma textura) que são estáveis durante o tempo de medição. Além disso, deve-se ter em conta a velocidade de escorregamento da parede e a tensão de produção de espuma; da mesma forma, a compressibilidade do gás deve desempenhar um papel no cálculo das quedas de pressão. Uma investigação experimental da reologia da espuma deve, consequentemente, apresentar as seguintes características: uma formulação de espuma estável durante o tempo de medição, um método para medir continuamente a textura da espuma (tamanho médio das bolhas), um sistema de medições reológicas que permita trabalhar em espumas estáveis e equilibradas, e cuidados especiais sobre a velocidade de escorregamento da parede e as medições da tensão de cedência. Finalmente, as investigações experimentais devem prestar atenção à importância da relação entre a estrutura (ou seja, textura da espuma) e a reologia da espuma. [4]

Emre Demirtas, Hakan Ozkan e Mohammadreza Nofar, fizeram o trabalho sobre, Extrusão de Espuma de Poliestireno de Alto Impacto: Efeitos dos Parâmetros de Processamento e Composição dos Materiais, de acordo com o seu trabalho, Este estudo investiga o comportamento de extrusão de espuma de poliestireno de alto impacto (HIPS) através de uma extrusora de rosca dupla utilizando dois vários tipos de agentes químicos de sopro (CBA). O perfil da temperatura do molde foi primeiramente adaptado durante o HIPS de foamingof para dois CBAs diferentes. Depois foi verificado o efeito do conteúdo CBA no comportamento de espumação do HIPS para ambos os CBAs. O efeito da velocidade do parafuso (RPM) sobre o comportamento de espumação de HIPS foi, posteriormente, ilustrado para ambos os CBAs. Verificou-se que a densidade celular e a fracção vazia das amostras de espuma de HIPS aumentaram ao conteúdo máximo de CBA de 5 wt.% e ao mínimo de RPM de parafuso de 100. O comportamento da espuma de extrusão HIPS foi investigado mais aprofundadamente através da mistura com PS (GPPS) de uso geral nas proporções de mistura (wt%/wt%) de 75/25 e 50/50, bem como, através da mistura de HIPS com três cargas inorgânicas diferentes (isto é, talco micro-lamelar, talco, e carbonato de cálcio) com três conteúdos diferentes (isto é, 1, 2, e 3 wt %). O

aumento do GPPS e do conteúdo de enchimento inorgânico aumentou a densidade celular e a fracção vazia das espumas HIPS enquanto que o tipo de enchimento inorgânico não revelou muitas diferenças nos resultados da formação de espuma. Neste estudo, foi estudada a extrusão de espuma de HIPS através de uma extrusora de duplo parafuso com dois agentes de expansão química diferentes e os efeitos do perfil da temperatura da matriz e da velocidade do parafuso (RPM); tipo e conteúdo do agente de expansão química; vários enchimentos inorgânicos (ou seja talco micro lamelar, talco, e carbonato de cálcio) a três teores diferentes (isto é, 1, 2, e 3 wt %) e foi estudado o comportamento de espuma das misturas HIPS/GPPS nas proporções de mistura (wt%/wt%) de 75/25 e 50/50. De acordo com os resultados; quando o conteúdo CBA era máximo (5 wt%) e o RPM do parafuso era mínimo (100), a densidade celular e a fracção vazia da espuma HIPS aumentou. O aumento do GPPS e do conteúdo de enchimento inorgânico aumentou a densidade celular e a fracção vazia das espumas HIPS, enquanto o tipo de enchimento inorgânico não revelou muitas diferenças entre si nos resultados da espumação. [5]

J G Khan, R S Dalu e S S Gadekar, fizeram o trabalho sobre, Defeitos no Processo de Extrusão e o seu Impacto na Qualidade do Produto, de acordo com o seu trabalho, No século XX, o número de fabricantes tinha estabelecido fábricas de fabrico de tubos de extrusão a pedido do cliente. Para assegurar o fabrico de tubos de extrusão de qualidade, é essencial identificar, controlar e monitorizar todos os parâmetros de qualidade. Alguns dos parâmetros importantes são condições do equipamento, condições de funcionamento, temperaturas, pressões, qualidade dos moldes, materiais. Em vez dos esforços sinceros dos fabricantes, existem ainda vários obstáculos no processo que conduzem a defeitos no produto. O objectivo deste documento de revisão é focar os vários defeitos no processo de extrusão, identificar o seu impacto na qualidade do produto e sugerir os remédios para a melhoria do processo de extrusão. A partir do Estudo e análise dos vários artigos sobre o defeito e observando os seus pontos de vista dos investigadores por artigo no processo de extrusão, deverá haver necessidade de minimizar as suas causas para o melhor produto de extrusão. Estes problemas de qualidade (Causas) estão a tornar-se uma configuração inadequada de parâmetros operacionais de acordo com a observação. [6]

Sunil Kumar, P.S Rao, fez o trabalho sobre, Impact Of Extrusion Process On Product Quality, de acordo com o seu trabalho, Este trabalho baseia-se na análise do impacto do processo de extrusão na qualidade do produto. Aproximadamente um grande número de fabricantes teve um problema na qualidade do produto no processo de fabrico de tubos de extrusão estabelecido para competir com a procura do cliente. Para assegurar a qualidade do produto no actual processo de fabrico de tubos de extrusão, é obrigatório identificar, controlar e monitorizar regularmente todos os parâmetros de qualidade para assegurar a qualidade do produto. Alguns dos parâmetros importantes baseiam-se no estado do equipamento utilizado no processo, condições de funcionamento, temperaturas, pressões, qualidade de matrizes e materiais usados. Tantos problemas enfrentados pelos fabricantes para minimizar os defeitos nos produtos finais que afectam directamente o custo do produto, bem como a sua vida útil. O objectivo deste documento é focar a análise dos vários defeitos no processo de extrusão, aceder ao seu impacto na qualidade do produto e sugerir a mitigação & soluções para a melhoria do processo de extrusão para uma melhor qualidade e vida útil do produto. A partir dos diferentes estudos e análises dos vários papéis relacionados com defeitos e da observação de diferentes investigadores por papéis relacionados com o processo de extrusão, é necessário minimizar os seus defeitos para obter a melhor qualidade do produto de extrusão. Tais problemas de qualidade estão a tornar-se um ajuste inadequado dos parâmetros operacionais de acordo com a observação feita pelos investigadores. Com a utilização dos métodos acima referidos para minimizar a percentagem de perda seria melhorada, como previsto, para os produtos. [7]

Atish Chahare1, K. H. Inamdar, fez o trabalho em, A Review On Process Parameters Affecting Aluminum Extrusion Process, de acordo com o seu trabalho, Extrusão é um processo de fabrico extremamente flexível, uma vez que uma única prensa pode ser utilizada para extrudir vários materiais e um grande número de perfis, simplesmente mudando o molde e a ferramenta associada a ele. O Processo de Extrusão é altamente

Influenciados pelos parâmetros de processo necessários para determinar a qualidade do processo e extrudir. Os parâmetros do processo tais como temperatura de pré-aquecimento do bilete, temperatura do recipiente, temperatura da matriz, relação de extrusão, velocidade do carneiro, temperatura de pré-aquecimento da matriz, número de cavidades na matriz, etc., controlam o processo, o que acaba por afectar a produtividade e a qualidade da extrusão. Este artigo trata de uma extensa revisão da literatura sobre o efeito dos parâmetros do processo na extrusão de várias ligas de alumínio. O artigo centra-se precisamente no processo de extrusão directa a quente. A extensa revisão da literatura torna claro que a extrusão é um processo de fabrico flexível que depende da alteração dos parâmetros do processo. Por conseguinte, conduzindo as experiências alterando o nível dos parâmetros de entrada, é possível obter os parâmetros óptimos que têm o menor efeito de fontes externas sobre os produtos de extrusão. A revisão bibliográfica afirma o efeito de vários parâmetros de processo que afectam a extrusão directa a quente de ligas de alumínio.

A16063 liga de alumínio é encontrada extrudida na maioria das indústrias de extrusão devido às suas aplicações largamente difundidas em numerosos campos.

A velocidade do carneiro é considerada o parâmetro de processo mais influente para os parâmetros de resposta como força de extrusão, temperatura de saída do perfil, velocidade de fluxo, etc.

A alteração da temperatura do bilete e do fluxo de metal devido à fricção e ao cisalhamento do metal são os parâmetros que mais influenciam o processo de extrusão. [8]

CAPÍTULO 2

PRINCÍPIO, CONSRUÇÃO & TRABALHO DA MÁQUINA DE EXTRUSÃO DE ESPUMA

2.2. Introdução à Extrusão:

Uma extrusora é uma máquina comum na indústria, não só utilizada em operações de extrusão, mas também utilizada em operações de moldagem, tais como moldagem por injecção e moldagem por sopro. Na indústria, a extrusora de rosca é a mais comum.

2.3. Máquina de Extrusão de Espuma Principal de Trabalho:

O princípio dos processos de espumação inclui as etapas de saturação ou impregnação do polímero com um agente espumante, fornecendo uma mistura super saturada de polímero-gás por aumento súbito da temperatura ou diminuição da pressão, crescimento celular, e estabilização. Nos processos de espumação termoplástica, é importante obter espumas com estrutura celular fechada com paredes de células finas de polímero cobrindo cada célula. A fim de fornecer esta estrutura, o crescimento celular deve ser controlado através do processo. O limite de temperatura é crítico na obtenção da estrutura microcelular Se a temperatura for excessivamente elevada, então a resistência de fusão do polimercan será de baixa indução de ruptura celular. Por outro lado, se a temperatura for demasiado baixa, isto resultará em tempos de formação de espuma mais longos e aumento da viscosidade do polímero. Como consequência, o crescimento celular será contido, e serão obtidos produtos insuficientemente espumados. Por conseguinte, as condições do processo têm grande importância na morfologia celular das espumas de polímero. Os processos mais conhecidos de espumas termoplásticas são a espumação em lote, a extrusão de espuma, e a moldagem por injecção de espuma.

2.4. Extrusão de espuma:

Na extrusão de espuma, uma máquina de extrusão em linha tandem está equipada com um fornecimento de gás, como mostrado na Fig.3.1. Os tipos de produtos típicos são folhas de espuma termoplástica, tubos, e tubos expandidos. Os pellets fornecidos do funil para
os barris são derretidos sob alta pressão e agente de sopro. Gás CO2 em supercríticos no barril, a nucleação das células de espuma é evitada. Como o polímero existe a partir do molde, as células de espuma são geradas pela súbita queda de pressão. A etapa final é o arrefecimento, a calibração e o corte das espumas extrudidas. O processo de extrusão de espuma pode ser tanto físico como químico. Na Figura.3.1., é mostrado que a espuma física é integrada no fornecimento de gás à extrusora. Em aplicações industriais, a extrusão de espuma química é também aplicada devido ao seu baixo custo em ferramentária. Na extrusão de espuma química, as pelotas de polímero e o agente químico espumante são misturados através do barril, e o calor no barril decompõe o agente químico espumante resultando

em gás que fornece expansão dos polímeros à medida que sai do molde. A temperatura de derretimento é crítica na decomposição do agente espumante. A pressão deve ser suficientemente elevada para manter o gás dissolvido no polímero antes de este sair do molde. Se a pressão e a temperatura não forem definidas correctamente, o agente espumante não será decomposto e pode induzir aglomerações de partículas deixadas do agente espumante, o que pode levar a uma morfologia celular deficiente e a uma má qualidade superficial.

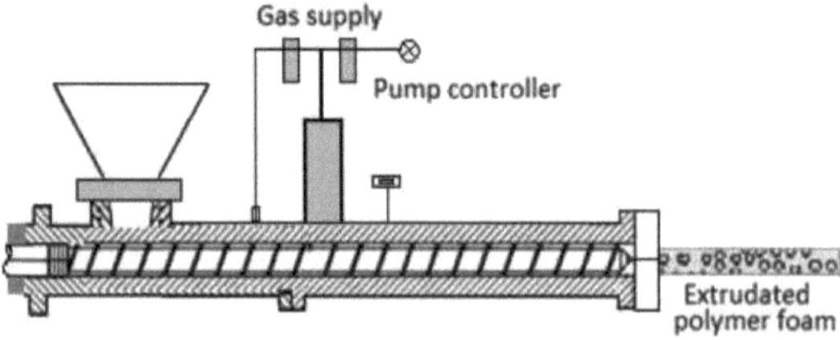

Fig.3.1. Extrusão de espuma.

O agente espumante químico mais conhecido é a azodicarbonamida (ADC), um agente espumante químico exotérmico. Liberta uma grande quantidade de gás N2 juntamente com CO2 em menor quantidade no polímero. No entanto, devido aos produtos tóxicos por ACD, estão a ser utilizados agentes espumantes comerciais do tipo endotérmico, tais como o Clariant's Hydrocoral.

2.5. Moldagem por injecção de espuma:

A moldagem por injecção de espuma é semelhante à moldagem por injecção convencional, mas uma unidade adicional de gás é integrada na máquina de moldagem por injecção se for aplicada espuma física Fig.3.2. Existem actualmente três tecnologias amplamente conhecidas de moldagem por injecção de espuma disponíveis para produzir espumas microcelulares utilizando CO2 como agente de sopro físico. São elas MuCell da Trexel Inc. (EUA), Opti espuma da Sulzer Chemtech AG (Suíça), e Ergo Cell da Demag (Alemanha). A moldagem por injecção de espuma tem alguns pontos críticos a serem considerados. Um deles é a presença da contrapressão. Se a contrapressão não for aplicada, a mistura de polímero-gás moveria a rosca axialmente e a instabilidade na dosagem do polímero seria observada. Além disso, o agente espumante expandiria na unidade de plastificação e vazaria durante a injecção.

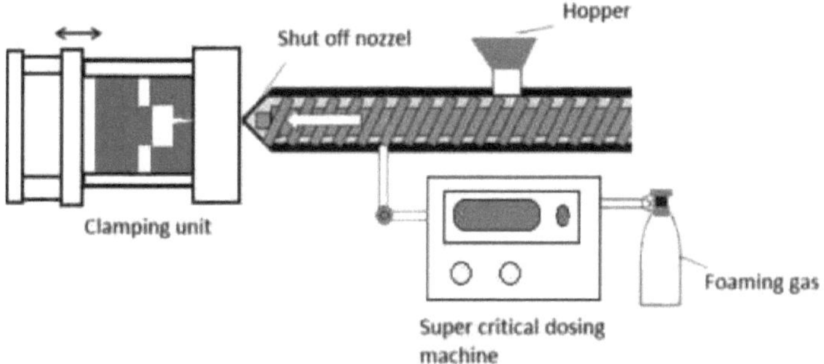

Fig.3.2. Moldagem por injecção de espuma.

Isto impediria a geração de células no polímero. O segundo ponto crítico na moldagem por injecção de espuma é a selecção do bico de corte da agulha que evita a fuga para fora do bico e a perda de gás. Na moldagem por injecção de espuma, pode ser aplicada espuma física e química. Na moldagem de espuma química, o agente espumante químico é adicionado na forma sólida, quer a partir do funil da máquina de moldagem por injecção com as pastilhas de polímero, quer durante a plastificação do polímero através do barril.

O agente espumante dissolve-se ao longo do processo. Os agentes espumantes físicos são injectados directamente no polímero fundido. A diferença em comparação com a extrusão de espuma é o movimento do parafuso. Na extrusão de espuma, a rotação da rosca empurra o derretimento para a frente e depois para fora da matriz da extrusora, mas na moldagem por injecção de espuma, a rosca gira e move-se para trás devido à recolha de uma mistura de gás-polímero na ponta da rosca. Em seguida, a mistura de gás-polímero é injectada na cavidade inferior. Na espuma física, a alta pressão e a alta temperatura na unidade de plastificação proporcionam um estado supercrítico do agente espumante. Gases como azoto (N_2) e dióxido de carbono (CO_2) são utilizados como agentes espumantes físicos, e são aplicados num estado supercrítico para obter um elevado grau de solubilidade no polímero fundido. Em estado fluido supercrítico, o fluido tem baixa viscosidade, baixa tensão superficial, e propriedades de difusão elevadas que proporcionam uma excelente solubilidade no polímero. Dependendo disto, é conseguida uma morfologia celular melhorada. O dióxido de carbono tem um ponto supercrítico de 73,84 bar com 37°C, e o azoto tem 33,90 bar com -147°C. Na Fig.3.3.,a fase supercrítica do dióxido de carbono é mostrada. A fim de controlar a dosagem do gás, a máquina dosadora supercrítica está integrada no sistema, como mostrado na Fig.3.3. Além disso, é necessária uma alta contrapressão durante a plastificação para dosear e homogeneizar o agente espumante na fusão do polímero. Por estas razões, é necessária uma máquina especialmente equipada, semelhante à convencional moldagem por injecção, na moldagem por injecção de espuma, tal como se mostra na Fig.3.3. Os sistemas altamente equipados e caros no processamento físico de espumas de polímero são dispendiosos. Por outro lado, a espuma química é menos complicada e pode libertar gases sob certas condições de processamento, quer devido a reacção química, quer devido à decomposição térmica. Os agentes químicos espumantes são adicionados ao polímero antes ou durante a plastificação, semelhante à extrusão de espuma por agentes químicos espumantes. Podem ser exotérmicos ou endotérmicos. Os tipos exotérmicos libertam energia durante uma reacção que é dissipada através da unidade de plastificação. À medida que a temperatura de activação é atingida, não é necessária energia para ser adicionada, e a reacção continua até que o agente espumante termine a sua reacção completamente.

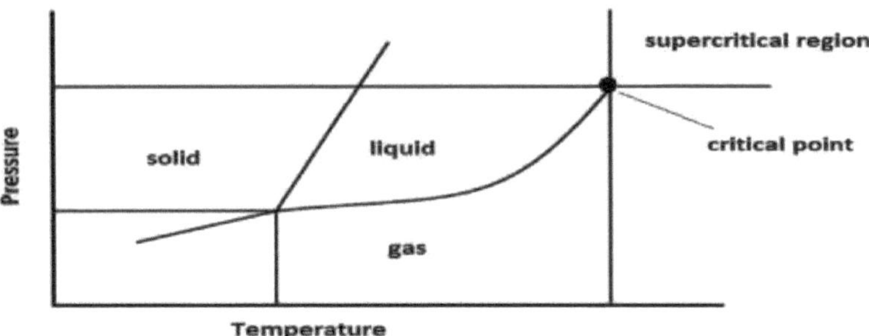

Fig.3.3. Fluido supercrítico CO2.

Na utilização de agentes espumantes endotérmicos, a energia deve ser continuamente aplicada sob a forma de calor, de modo a que a reacção não pare. A amida de carbono azodi(AC) é o agente espumante exotérmico mais conhecido, com elevado rendimento de gás. Tem temperaturas de decomposição entre 170 e 200°C. O bicarbonato de sódio e o bicarbonato de zinco são os agentes de sopro endotérmicos mais comuns. Nos últimos anos, um agente espumante comercial, o hidrocoral, tem sido amplamente utilizado como agente espumante endotérmico. O hidrocoral tem temperaturas de decomposição entre 160 e 210°C e pode ser adicionado directamente na tremonha de uma máquina de moldagem por injecção sob a forma de pellets em proporções de 1% a 4 wt.%.

2.6. Problemas na máquina de extrusão de quatro matrizes:

Recentemente na indústria, houve um problema na máquina de corte e extrusão de espuma. A espuma é amplamente utilizada em várias aplicações. Para sugerir as melhorias & para fazer modificações na máquina de extrusão de espuma na indústria, estávamos a trabalhar neste projecto para melhorar a produtividade. Como por preocupação de produção, há uma perda de produção devido ao trabalho de sucata durante problemas na máquina de extrusão & corte, é necessário definir o desenho de alinhamento adequado & substituição da peça da máquina para maior produção Devido a quatro máquinas de extrusão de matrizes, foi muito difícil controlar o fluxo na máquina. Todas as matrizes tinham um fluxo irregular e, por conseguinte, causavam enormes variações no diâmetro exterior, diâmetro interior, offsets e tinham más superfícies. O fluxo de gás, cera, e talco era irregular. Para controlar a velocidade da máquina auxiliar de corte de tubos capilares estava fora de controlo. Isto provocou a colocação de tubos rejeitados na própria máquina, que consumiam a área máxima das instalações da empresa. A rejeição total na máquina foi de 75- 80%. Para resolver este problema, podemos substituir a saída de tubos de extrusão de bicos múltiplos de extrusão de bicos. O que provoca uma rejeição rara da espuma.

Fig.3.4. Molde de Extrusão Convencional Antigo.

2.7. Melhoramentos no molde de Extrusão:

Controlou o fluxo na máquina bloqueando um dos moldes e fez a extrusora funcionar em 3 moldes. Isto deu uma consistência durante uma hora, mas novamente causou o problema do fluxo. A segunda melhoria inovadora alterou completamente o desenho da cabeça e do molde e fez com que a máquina funcionasse com um único molde. O tamanho do molde único foi alterado de 2,2 mm para 3,0 mm. A razão por detrás da alteração do tamanho do coto foi dar consistência ao fluxo. O controlo do fluxo era feito na rotação da velocidade do parafuso. A saída da máquina era a mesma que a dos quatro troquéis. A mudança do molde do extrudido não impedia a saída e, assim, para manter o fluxo do tubo, tornou-se mais fácil manter o diâmetro exterior, a ovalidade, o desvio do tubo. A rejeição na máquina de extrusão caiu de 50% para 12%. Outra melhoria na máquina foi a AUTO-CHANGE OVER. Para mudar a cor do tubo, o tempo total de produção perdido foi de 3 hrs. para mudar a malha. É importante mudar a malha, pois ela filtra a sujidade. Inicialmente foi feito manualmente, mas com a troca automática da malha demorou 10 segundos a mudar a malha. Isto ajudou a aumentar a produção e a atingir o objectivo. Enquanto a mudança da nova cor nos processos de purga a matéria prima total, a perda era de 100 kg e superior, mas com a troca automática da malha poupou os 100 kg, uma vez que se tornou mais fácil mudar a malha enquanto a extrusão estava a decorrer.

Fig.3.5. Novo molde de Extrusão Modificado.

CAPÍTULO 3

CONSTRUÇÃO E TRABALHO DE CORTE DE ESPUMA MÁQUINA

Os componentes são utilizados para o fabrico das máquinas de corte de espuma são dados por baixo:

2.8. Rolamentos de pedestal:

Este tipo de suporte consiste em i) um pedestal de ferro fundido, ii) um canhão de metal, ou bushsplit de latão dividido em duas metades chamadas "latão", e iii) uma tampa de ferro fundido e dois parafusos de aço macio. O desenho detalhado de um suporte de pedestal é mostrado na imagem abaixo. A rotação do casquilho dentro da caixa do mancal é presa por um encaixe na parte inferior do latão inferior. A tampa é apertada no bloco do pedestal por meio de parafusos e porcas. Os desenhos detalhados da peça de outro bloco de Plummer com dimensões ligeiramente diferentes são também mostrados na imagem abaixo.

Fig.4.1. Suporte de pedestal.

2.9. Eixo:

O eixo é um elemento de máquina comum e importante. É um membro rotativo, em geral, tem uma secção transversal circular e é utilizado para transmitir potência. O eixo pode ser oco ou sólido. O veio é apoiado sobre rolamentos e roda um conjunto de engrenagens ou roldanas para efeitos de transmissão de potência.

Material para Eixos:
Os materiais ferrosos, não ferrosos e não metálicos são utilizados como material de eixo, dependendo da aplicação.

Fig.4.2. Eixo.

2.10. Máquina de lavar:

Uma arruela é uma placa fina (tipicamente em forma de disco) com um furo (tipicamente no meio) que é normalmente utilizada para distribuir a carga de um fecho roscado, como um parafuso ou uma porca. Outros usos são como espaçador, mola (arruela de ondas), almofada de desgaste, dispositivo indicador de pré-carga, dispositivo de bloqueio, e para reduzir a vibração (arruela de borracha). As anilhas têm normalmente um diâmetro exterior (DO) cerca do dobro da largura do seu diâmetro interior (ID). As arruelas são normalmente de metal ou plástico. Juntas aparafusadas de alta qualidade requerem arruelas de aço temperado para evitar a perda de pré-carga devido à Brinelagem após a aplicação do torque. As juntas de borracha ou fibra utilizadas em torneiras (ou torneiras, ou válvulas) para parar o fluxo de água são por vezes referidas coloquialmente como *anilhas*; mas, embora possam parecer semelhantes, as anilhas e juntas são normalmente concebidas para diferentes funções e fabricadas de forma diferente. As anilhas são também importantes para prevenir a corrosão galvânica, particularmente através do isolamento de parafusos de aço das superfícies de alumínio.

Fig.4.3. Arruela

2.11. Porca e parafuso:

Como as porcas e parafusos não são perfeitamente rígidos, mas esticam-se ligeiramente sob carga, a distribuição de tensão nos fios não é uniforme. De facto, num parafuso teoricamente infinitamente longo, a primeira rosca leva um terço da carga, as primeiras três roscas levam três quartos da carga, e as primeiras seis roscas levam essencialmente toda a carga. Para além dos primeiros seis fios, os fios restantes estão sob uma carga essencialmente noload. Por conseguinte, uma porca ou parafuso com seis fios actua muito como uma porca ou parafuso infinitamente comprido.

Fig.4.4. Porca e parafuso.

2.12. Moldura:

A moldura é feita de material de EM. A moldura da nossa máquina é basicamente utilizada para suportar todos os componentes nela montados. Isto é, motor, componentes de transmissão, lâmina de corte, mesa deslizante, etc. são montados na armação.

2.13. Motor:

Um motor eléctrico é uma máquina eléctrica que converte energia eléctrica em energia mecânica. Um controlador de motor é um dispositivo que serve para governar de alguma forma pré-determinada o desempenho. O motor roda tanto no sentido dos ponteiros do relógio como no sentido anti-horário. O motor necessita de electricidade para o seu funcionamento. "Motor de engrenagem" refere-se a uma combinação de um motor mais um trem de engrenagem de redução. Estes são frequentemente convenientemente embalados juntos numa só unidade. A redução da engrenagem (trem de engrenagem) reduz a velocidade do motor, com um correspondente aumento do binário. As relações de transmissão variam de apenas algumas (por exemplo, 3) a enormes (por exemplo, 500). Uma pequena relação pode ser obtida com um único par de engrenagens, enquanto que uma relação grande requer uma série de etapas de redução de engrenagens e, portanto, mais engrenagens. Há muitos tipos diferentes de redução de engrenagens. No caso de uma pequena relação de transmissão N, a unidade pode ser de volta dirigível, ou seja, pode girar o eixo de saída, talvez à mão, à velocidade angular w e causar a torotagem do motor à velocidade angular Nw. Uma relação de transmissão N maior pode tornar a unidade não transmissível para trás. Cada uma tem vantagens em circunstâncias diferentes. A dirigibilidade traseira depende não só de N, mas de muitos outros factores. Para N grande, muitas vezes o torque máximo de saída é limitado pela força das engrenagens finais, e não por N vezes o torque do motor.

Fig.4.6. Motor.

2.14. Lâmina de corte de espuma:

Uma lâmina é a porção de uma ferramenta de corte de espuma com uma aresta de corte afiada é concebida para fatiar superfícies de materiais de espuma. As lâminas são tipicamente feitas de materiais de HSS que são mais duros do que aqueles em que devem ser utilizados. As lâminas modernas são frequentemente feitas de aço de alta velocidade. As lâminas funcionam concentrando a força de corte na aresta de corte da espuma. Certas lâminas, tais como as utilizadas em facas ou serras de pão, são serrilhadas, concentrando ainda mais a força na ponta de cada dente de espuma.

Fig.4.7. CutterBlade.

2.15. Rolamento de Movimento Linear:

Um rolamento de movimento linear ou uma corrediça linear é um rolamento concebido para proporcionar movimento livre numa direcção. Existem muitos tipos diferentes de rolamentos de movimento linear. Os escorregas lineares motorizados, tais como escorregas de máquinas, mesas X-Y, mesas de rolos e alguns escorregas de rabo de pomba são rolamentos movidos por mecanismos de accionamento. Nem todas as corrediças lineares são motorizadas, e as corrediças de cauda de pomba não motorizadas, corrediças de rolamentos de esferas e corrediças de rolos proporcionam um movimento linear de baixo atrito para equipamento movido por inércia ou manualmente. Todas as corrediças lineares proporcionam movimento linear baseado em rolamentos, quer sejam rolamentos de esferas, rolamentos de cauda de pomba, rolamentos de rolos lineares, rolamentos magnéticos ou fluidos. As mesas X-Y, os patins lineares, os escorregadores de máquinas e outros escorregadores avançados utilizam rolamentos de movimento linear para proporcionar movimento ao longo de ambos os eixos múltiplos X e Y.

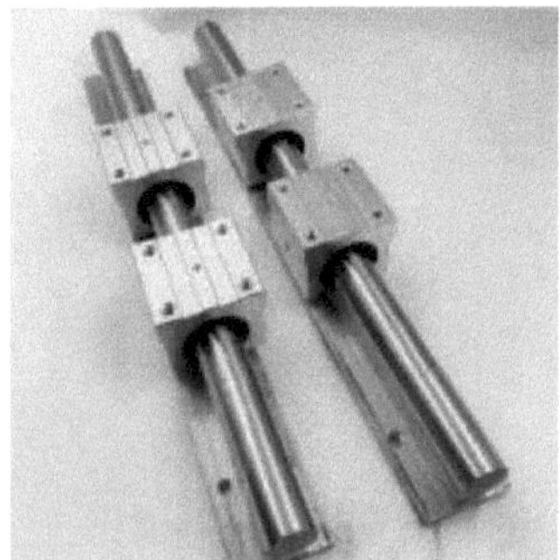

Fig.4.8. Rolamento de Movimento Linear.

2.16. Cilindros de dupla acção:

Os cilindros são actuadores lineares que convertem a potência do fluido em potência mecânica. São também conhecidos como JACKS ou RAMS. Os cilindros pneumáticos são utilizados para produzir grandes forças e movimentos precisos. Por este motivo, são construídos com materiais fortes como o aço e concebidos para resistir a grandes forças. Como o gás é uma substância cara, é perigoso utilizar cilindros pneumáticos a pressões elevadas, pelo que estão limitados a cerca de 10 bar de pressão. Consequentemente, são construídos a partir de materiais mais leves, como o alumínio e o latão. Como o gás é uma substância compressível, o movimento de um cilindro pneumático é difícil de controlar com precisão. A teoria básica para cilindros hidráulicos e pneumáticos é a mesma.

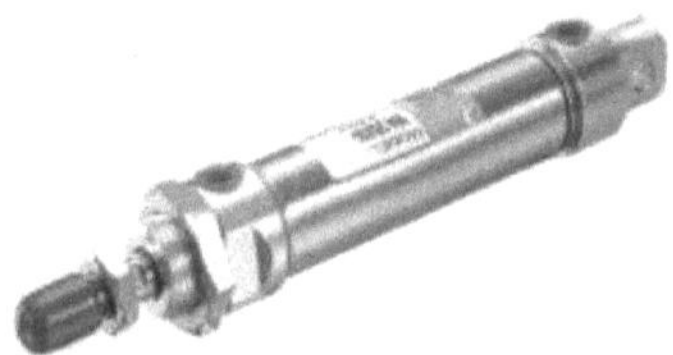

Cilindros de dupla acção:
2.17. Acessórios pneumáticos para tubos:

Os tubos pneumáticos estão também disponíveis em vários outros materiais, com e sem reforço, para utilização em aplicações padrão. Os acessórios SMC incorporam uma vedação positiva do tubo enquanto o acessório está sob pressão, o que permite a utilização de poliuretanoubo.

Fig.4.10. Mangueiras pneumáticas e acessórios.

2.18.   ]5/2Válvula solinoide:

Uma válvula é um dispositivo que regula o fluxo de fluido (gases, líquidos, sólidos fluidizados ou chorume) abrindo e fechando ou obstruindo parcialmente as vias de passagem. Uma válvula 5/2 vias direccional do próprio nome tem 5 orifícios igualmente espaçados e 2 posições de fluxo. Pode ser utilizada para isolar e simultaneamente contornar uma via de passagem para o fluido que, por exemplo, deve retrair ou estender um cilindro de dupla acção. Há uma variedade de maneiras de ter esta válvula accionada.

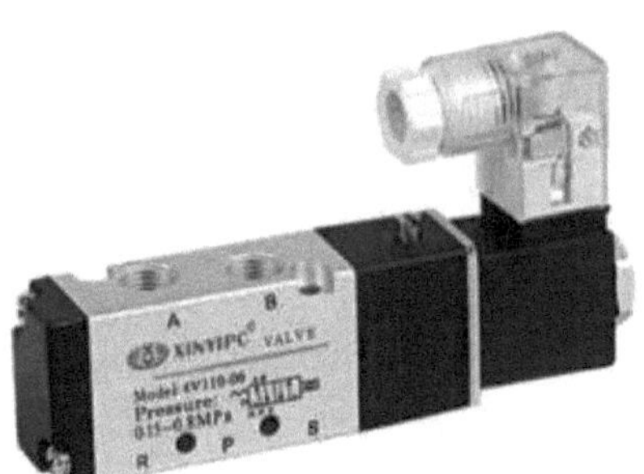

Fig.4.11. Válvula solenóide 5/2.

2.19.   Conectores pneumáticos, redutor e colector de mangueira:

No nosso sistema pneumático são utilizados dois tipos de conectores; um é o conector da mangueira e o outro é o redutor.

Fig.4.12. Colector e Conector de Mangueiras.

2.20.   Sensor de proximidade:

O circuito de transmissão de IV é utilizado em muitos projectos. O transmissor IR envia 40 kHz (a frequência pode ser ajustada) portador sob 555 controlos temporizados. As portadoras IR de cerca de 40 kHz são amplamente utilizadas no controlo remoto de TV e os ICs para recepção destes sinais estão facilmente disponíveis. O sinal transmitido reflectido pelo obstáculo e o circuito receptor IR recebe o sinal e dá o sinal de controlo à unidade de controlo. A unidade de controlo activa o sistema de travagem pneumática, de modo que foi aplicada uma quebra.

Fig.4.13. Proximity sensor.

Na maioria dos dispositivos de aplicação industrial de topo de gama existem relés para o seu funcionamento eficaz. Os relés são interruptores simples que são operados tanto eléctrica como mecanicamente. Os relés consistem de um n electroíman e também de um conjunto de contactos. O mecanismo de comutação é levado a cabo com a ajuda do electroíman. Existem também outros princípios de funcionamento para o seu funcionamento. Mas estes diferem de acordo com as suas aplicações. A maioria dos dispositivos tem a aplicação de relés. O funcionamento principal de um relé vem em locais onde apenas o sinal de baixa potência pode ser utilizado para controlar um circuito. É também utilizado em locais onde apenas um sinal pode ser utilizado para controlar muitos circuitos. Existem apenas quatro partes principais no arelay. São elas,

- Electromagnético
- Armadura móvel
- Contactos do ponto de comutação
- Primavera

É um relé electro-magnético com uma bobina de fio, rodeado por um núcleo de ferro. Um caminho de muito baixa relutância para o fluxo magnético é fornecido para a armadura móvel e também para os contactos do ponto de comutação. A armadura móvel está ligada ao jugo que está mecanicamente ligado aos contactos do ponto de comutação. Estas partes são mantidas em segurança com a ajuda de uma mola. A mola é utilizada de modo a produzir uma abertura de ar no circuito com energia. As bases de todos os relés são as mesmas. Veja um relé de 4 - pinos mostrado abaixo. São mostradas duas cores. A cor verde representa o circuito de controlo e a cor vermelha representa o circuito de carga. Uma pequena bobina de controlo é ligada ao circuito de controlo. Um interruptor é ligado à carga. Este interruptor é controlado pela bobina no circuito de controlo.

Fig.4.14. Relayswitch.

2.21. Funcionamento da Máquina de Corte de Espuma Vertical:

Máquina de Corte Vertical de Espuma é um modelo prático de mesa para o corte vertical de blocos de espuma. A mesa funciona sobre rolamentos de esferas. Tem uma boca de retenção montada na frente e está equipada com uma cerca de mesa vertical móvel. A vedação da mesa é móvel de um lado para o outro por meio de uma catraca e corrente. Pode ser bem amada em incrementos deste arranjo, assegurando uma repetição rápida e precisa da capacidade de corte. Máquina de corte e aparagem lateral de blocos de espuma. As máquinas de corte de espuma vertical são utilizadas nas indústrias de espuma com a finalidade de cortar os grandes blocos de espuma nas dimensões, peças e fatias desejadas. Para efeitos de corte das lâminas de blocos de poliuretano, recomenda-se a utilização da máquina de corte vertical de espuma. A altura de corte das máquinas de corte de espuma vertical varia de 600mm a 1500mm. Além disso, o comprimento de corte desta máquina varia de 1 pé a 7 pés, com base nas necessidades e exigências precisas fornecidas pelos clientes. A potência necessária para o funcionamento sistemático da máquina de corte de espuma vertical consiste numa potência de um cavalo a 3 cavalos. depende do tamanho da máquina O espaço requerido pelas gamas de máquinas depende do tamanho da máquina com base no modelo da máquina utilizada. A lâmina interior utilizada na máquina de corte de espuma vertical varia de acordo com o modelo da máquina de corte de espuma vertical. Além disso, a lâmina exterior utilizada na máquina de corte de espuma vertical varia de acordo com o modelo da máquina de corte de espuma vertical. Nesta máquina de corte vertical de espuma, o cortador está estacionário enquanto a mesa está em movimento.

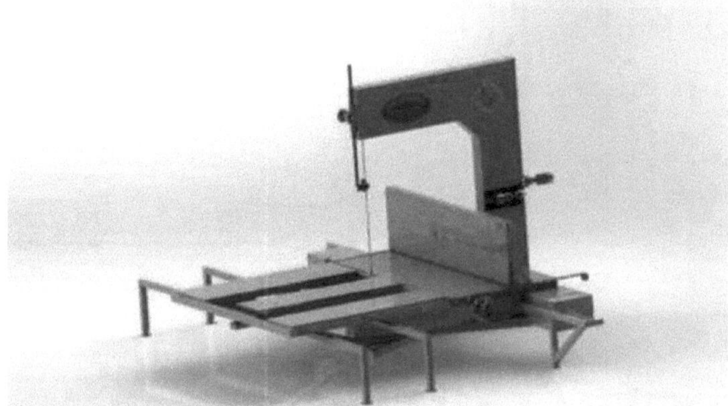

Fig.4.15. Conceito de Máquina de Corte de Espuma Vertical.

1. Detalhes da Máquina de Corte de Espuma Vertical:

2. Todos os tubos de 1320mm de comprimento são colocados em fixações.

3. O comprimento do corte é fixado em 65,5mm.

4. Num único ciclo, após o corte, recebe aproximadamente 13000 dardos.

5. A pressão é aplicada sobre os tubos que seguram os tubos num único local para evitar o afunilamento.

6. A produção planeada é de 72k por hora.

7. Antes de se proceder à afiação da lâmina, é necessário afiar a lâmina duas vezes.

8. Um único suporte suporta cerca de 800 tubos.

9. Rpmofthe cutter / slitter é definido manualmente.

2.22.   Melhoria no desempenho da máquina de corte de espuma:

A fixação que foi colocada na cama da máquina de corte foi levantada manualmente e por isso perdeu a sua forma original e não estava em ângulos rectos. Mudámos todos os dispositivos de fixação do leito - feitos permanentes (ângulos laterais) para manter a sua posição fixa a 90 graus. o alinhamento da lâmina foi soldado e a lâmina de corte funcionava sem se mover lateralmente. O alinhamento do leito era feito sobre o parafuso único que dava estabilidade à máquina. Foram adicionados ângulos laterais adicionais nas bombas pneumáticas que erradicaram completamente a questão da conicidade. A potência do homem na máquina de corte foi reduzida de 15 pessoas para apenas 5 pessoas. Concebemos uma nova máquina de corte para verificar os tubos para a monitorização do processo em curso. Inicialmente, costumavam cortar os tubos manualmente com a ajuda da lâmina. Costumava ser difícil obter o comprimento exacto de 65,5 mm. A nova pequena máquina de corte ajudou-os a cortar 10 tubos de cada vez com o comprimento exacto. Isto ajudou-os a poupar o tempo para recolher as amostras.

CAPÍTULO 4

DESENHO

5.1. Especificação metalúrgica geral: -

A matéria-prima ferrosa utilizada são todos os modelos de projecto confirmam a série de números de emergência ". A especificação das propriedades químicas e as propriedades físicas do material ferroso foram formuladas em 1939 durante a Segunda Guerra Mundial. A metalurgia destes materiais ferrosos foi liberalizada a fim de satisfazer rapidamente os requisitos do aço para o fabrico de armas e armamentos a um ritmo muito rápido. Estas especificações são concebidas por "EN - NO" e devem ser confundidas com as normas britânicas, americanas, alemãs ou com a norma indiana I.S.S No. Todas as especificações EN confirmam os livros de dados ou os fabricantes indianos de aço, tais como TISCO, ISCO, aço hindustão, Mahindra Ugine, etc. A EN-NO continua a prevalecer e a ser melhor compreendida pelos fornecedores locais de aço. A "Série de Emergência" começa com EN - 0 a EN - 48 à medida que as propriedades continuam a aumentar de graus mais baixos para mais altos. EN - 0 é o ferro mais macio e é chamado de aço de corte em fluxo, aço Deed ou ferro forjado. É macio e dúctil falhando em compressão à escala de Rockwell 'C' chamada brevemente RC - Número.

5.2. Materiais utilizados e suas propriedades:

Os materiais utilizados neste projecto são detalhados da seguinte forma

a) Aço com baixo teor de carbono -   PT - 1 a PT - 3

Carbono - 0,05% a 0,08% Resistência à tracção - 420/550 MPAYield strength -

275/350 MPA

5.3. Abordagem à concepção mecânica do sistema.

Na concepção das peças, adoptaremos a seguinte abordagem;

Selecção de material apropriado.

1.   Assumindo uma dimensão apropriada de acordo com a concepção do sistema.

2.   Verificação de concepção para falha de componente sob qualquer sistema de forças possível.

Desenho mecânico: Na concepção mecânica, os componentes são listados e armazenados com base na sua aquisição em duas categorias.

3.   Peças de design

4.   Peças a serem adquiridas.

Para as peças desenhadas é feito um desenho detalhado e as dimensões obtidas são comparadas com as dimensões seguintes que já estão disponíveis no mercado. Isto simplifica a montagem assim como o trabalho de pós-produção e manutenção. As várias tolerâncias sobre o trabalho são especificadas. Os gráficos do processo são preparados e passados à fase de fabrico. As peças a adquirir directamente são seleccionadas a partir de vários catálogos e são especificadas de modo a ter caso de aquisição. Na concepção mecânica na primeira fase é feita a selecção do material adequado para a peça a ser concebida para aplicação específica. Esta selecção é baseada em catálogos padrão ou livros de dados;

eg:- (LIVROS DE DADOS DE DESIGN PSG) (CATÁLOGO DE CARREGAMENTO DE SKF) etc.

5.4. Desenho de cilindro de dupla acção:

As considerações feitas durante a concepção e fabricação de um cilindro de duplo efeito para segurar a espuma são as seguintes,

O cilindro pneumático será utilizado para o funcionamento para segurar ou posicionar a espuma. A carga total que actua sobre a espuma será dividida em dois cilindros idênticos, F = 5 kg. = 5 x 9,81 N = 49,05 N. (O peso da amostra assume para cada cilindro)

Para o desenho do cilindro, a pressão será mínima, 2 bar, ou seja, 0,2 N/mm^2 Portanto,

$$P = \frac{F}{A}$$

$$0.2 = \frac{49.05}{2 \times \frac{\pi}{4} D^2}$$

$$D = 12.49 \ mm$$

$$D = 25 \ mm.$$

Por conseguinte, seleccionámos um cilindro diamétrico de 25mm. **(Base de aplicação) Deixe-nos**

consideramos o cilindro de dupla acção 025X 100 (Diâmetro X Traço)

NOTA: se aumentarmos a pressão do ar conforme a fórmula, a pressão é directamente proporcional à força.

Desenho do Cilindro Pneumático:

A equação de Clavation para cilindro de extremidade fechada em ambas as extremidades. Para utilização de material dúctil para determinar a espessura do cilindro.

Deixemos,

O material do cilindro é o alumínio.

$$t = r_i \left[\sqrt{\frac{\sigma t + (1 - 2\mu)P}{\sigma t - (1 + \mu)P}} - 1 \right]$$

$S_{ut} =$

μ = **Ultima** resistência à tracção = **200N/mm²**

d_i = Razão de Poisson para o material do cilindro =**0,29 (std-) di** = Diâmetro interno do cilindro =**25mm**

Considere,

Cilindro de dupla acção 025X **100 (Diâmetro X Traço)**

Assumindo que a pressão no cilindro de trabalho é, **P = 10 bar = 1 N/mm² Assim**

de acordo com a equação de Clavation,

Para cilindro de extremidade fechada em ambas as extremidades para determinar a espessura do cilindro.

Assumir,

$p = 10 \, bar = 1 \, N/mm^2 \; \mu = 0.29$

$r_i = 12.5mm$

$$t = r_i \left[\sqrt{\frac{\sigma t + (1 - 2\mu)p}{\sigma t - (1 + \mu)P}} \; 1 \right]$$

$$t = 12.5 \, x \left[\sqrt{\frac{133.34 + 1\,[1 - (2 \times 0.29)]}{133.34 - 1\,(1 + 0.29)}} - 1 \right]$$

$$t = 12.5 \, x \left[\sqrt{\frac{133.76}{132.05}} \; 1 \right]$$

$t = 0.806 \, mm$

Espessura disponível, **t = 1** mmPistão

dia-= 25mm

Dia-= 100mm

Dia-= 12mm de haste de pistão.

Deixemos,

A= Área de força da secção transversal do pistão.

$$A= \frac{\pi}{4}(D^2) \ mm^2$$

$$A= \frac{\pi}{4}(25^2) \ mm^2$$

$$A= 490.87 \ mm^2$$

APR= Área de força da secção transversal do pistão no lado da haste.

$$A_{PR}= \frac{\pi}{4}(D^2 - d^2) \ mm^2$$

$$A_{PR}= \frac{\pi}{4}(25^2 - 12^2) \ mm^2$$

$$APR= 377.776 \ mm^2$$

Força máxima do pistão actuando durante o curso para a frente para segurar a espuma.Fa= P X

$$F_{a=P X} \frac{\pi}{4}(D^2)$$

$$= 1 \ X \ 490.87$$

$$F_a = 490.87 \ N.$$

Força do pistão actuando durante o curso de retorno.

$$FR= F_{R=P X} \frac{\pi}{4}(D^2 - d^2)$$

$$= 1 \ X \ 377.776$$

$$F_R = 377.776 \ N.$$

O tempo necessário para completar o curso é de 2 segundos.

Velocidade linear do pistão

$$V= \frac{L}{t}$$

$$= \frac{100}{2}$$

5.5. Selecção motora para mesa móvel:

Vamos assumir que a carga no motor para mover a mesa utilizando a tracção por corrente será de100kg = 981 N.

Para que a potência seja transmitida por corrente com pinhão de125mm de diâmetro.

Distância a partir da qual a potência transmitida 125/2 = 62,5 mm é sprocketradius.

Torque T = F x R

= 981 x 0.0625

T = 61,31 Nm.

Assim, seleccionando um motor das seguintes especificações.

$$P = \frac{2 \, \Pi \, N \, T}{60}$$

$$T = 2 \, \Pi \times 60 \times 36.78$$

T = 385,23 Watt.

Selecionamos :(Disponível em base de aplicação no mercado)

5.6. Desenho de eixo para roda dentada de mesa móvel:

Para encontrar o diâmetro do eixo pelo código ASME

Para eixo de aço comercial, Tensão de corte real C40 DDB P.No.1.12Sut = 680 N/mm^2

$$\tau_{act} = \frac{Sut}{2 \times FOS} = 170 \ N/mm^2$$

$$T = \Pi/16 \times \tau_{act} \times d^3$$

$$(61.31 \times 10^3) = \Pi/16 \times 170 \times d^3$$

$$d^3 = 1836.76$$

d= 12.24mm   select d=20mm

$$T = \Pi/16 \times Tacto \times d^3$$

$(61,31 \times 103) = \Pi/16 \times 170 \times d^3$

$d^3 = 1836.76$

d= 12.24mm **seleccionar d=20mm**

5.7. Selecção de rolamentos para mesa móvel:

Como diafragma de eixo. - é de 20mm, por isso, temos um rolamento de pedestal com diafragma exterior de eixo. - 20mm. Na selecção do rolamento de esferas, o principal factor determinante é a concepção do sistema de tracção, ou seja, o tamanho do rolamento de esferas é da maior importância; por isso, vamos primeiro seleccionar um rolamento de esferas apropriado. Tendo em consideração a conveniência da montagem do rolamento de esferas. Como o diâmetro do eixo é de 20mm &seleccionado um rolamento de esferas de pedestal com rolamento de esferas de diâmetro externo do eixo de 20mm para suportar o eixo de 20mm.

5.8. Desenho de corrente motriz para mesa móvel:

Deixe a velocidade da roda dentada ser de 60 rpm. O pinhão motriz é montado no mesmo eixo do motor para que,

Velocidade de condução e roda dentada N1 = N2= 60 rpm.Dia. de

pinhão motorizado d1 = d2= 125 mm.

N.º de dentes no pinhão motorizado Z1 = Z2= 15Let,
Ks = Factor de serviço = 1   (Quadro 14.3)
K1 = Factor de cordão múltiplo = 1   (Quadro 14.4)
K2 = Factor de correcção do dente =
1,73   (Tabela 14.5)

Potência P = 3 Kw

$$Kw = \frac{3 \times 1}{1 \times 0.85}, \qquad Kw = 3.529\ Kw.$$

Potência nominal da corrente Kw = lx 0,85 '

Vamos seleccionar uma cadeia de rolos simples com velocidade máxima de 100 rpm é 16AKw =

4.03 > 3.529

Da mesa 14.1 dimensões da cadeia de rolos P.No. 547. Passo P = 25,4 mm.

$$D1 = D2 = \frac{Pitch}{Sin\frac{180}{z}} = \frac{25.4}{Sin\frac{180}{15}} = 122.16mm = 125\ mm.$$

Diâmetro do círculo de inclinação

Distância central entre duas rodas dentadas a = 2200 mm.No. de

elos na cadeia

$$Ln = 2\left(\frac{1}{p}\right) + \left(\frac{1+Z2}{2}\right) + \left(\frac{Z1-Z2}{2\pi}\right)^2 x\ (p)\ \frac{}{a}$$

$$= 2\left(\frac{2200}{25.4}\right) + \left(\frac{15+15}{2}\right) + \left(\frac{15-15}{2\pi}\right)^2 x\left(\frac{25.4}{2200}\right)$$

Ln = 188.22 Links

Ln = 189 Links.

a = 924 mm

CAPÍTULO 5

Processos de fabrico

5.9. Processos de fabrico:

Antes do início do processo de fabrico do projecto, revimos e visitámos a indústria para conhecer os conhecimentos básicos das máquinas e a operação a realizar. Além disso, o conhecimento da selecção do material para um trabalho específico tem sido compreendido com a ajuda do professor do instituto e dos seniores do departamento. Após a fase de concepção, os processos de fabrico têm lugar. Estes processos consistem em utilizar a selecção de materiais e tornar o produto baseado no desenho e seguindo a dimensão do desenho. Muitos métodos podem ser utilizados para fabricar um produto, como soldadura, corte, dobragem, trituração, perfuração e muitos outros métodos. O processo de fabrico é um processo para fazer apenas um produto, em vez de se utilizar o processo de fabrico em toda a produção do sistema. Desta forma, inclui-se parte por fabricação até à montagem para outros componentes.

Tabela.6.1. Processo de produção.

Sr. Não.	Máquina	Operações
1	Máquina de torno	Torneamento, Acabamento, Faceamento
2	Máquina de corte eléctrico	Cortar, Moer
3	Máquina de furar	Perfuração
4	Máquina de soldadura por arco	Soldadura
5	Máquina de moagem	Fresagem de Superfície

5.9.1. Operação de viragem:

O torneamento é um processo de maquinação em que uma ferramenta de corte, tipicamente um bit não rotativo, descreve uma trajectória de ferramenta de hélice movendo-se de forma mais ou menos linear enquanto a peça de trabalho gira. Normalmente o termo "torneamento" é reservado para a geração de superfícies externas por esta acção de corte, enquanto que esta mesma acção de corte essencial quando aplicada a superfícies internas é chamada "furação". Assim, a frase "torneamento e perfuração" categoriza a maior família de processos conhecidos como torneamento. O corte de faces na peça de trabalho, seja com uma ferramenta de torneamento ou de furação, é chamado "faceamento", e pode ser agrupado em qualquer uma das categorias como um subconjunto. Os eixos de movimento da ferramenta podem ser literalmente uma linha recta, ou podem estar ao longo de algum conjunto de curvas ou ângulos, mas são essencialmente lineares. Um componente sujeito a operações de torneamento pode ser denominado "Peça torneada" ou "Componente maquinada". As operações de torneamento são realizadas numa máquina de torno que pode ser operada manualmente ou por NC. As operações de acabamento são realizadas utilizando a máquina de papel de areia e torno. O avental é puxado para trás e a operação de acabamento é iniciada. O calibrador Venire digital é utilizado para conhecer a dimensão do punho.

5.9.2. Operação de Faceamento:

O faceamento no torno utiliza uma ferramenta de faceamento para cortar uma superfície plana perpendicular ao eixo de rotação da peça de trabalho. Uma ferramenta de faceamento é montada num porta-ferramentas que repousa no carro do torno. A ferramenta irá então avançar perpendicularmente ao eixo de rotação da peça enquanto gira nas mandíbulas da mandíbula. Um utilizador terá a opção de alimentar manualmente a máquina durante o faceamento, ou utilizar a opção de alimentação. Uma superfície mais lisa, utilizando a opção de alimentação é óptima devido a uma taxa de alimentação constante. O faceamento levará a peça de trabalho ao seu comprimento final com muita precisão. Dependendo da quantidade de material a ser retirada, um maquinista pode optar por fazer cortes de desbaste ou de acabamento. Os factores que afectam a qualidade e eficácia das operações de faceamento no torno são velocidades e avanços, dureza do material, tamanho da fresa, e a forma como a peça está a ser fixada, utilizando a ferramenta de corte de ponto único fixada no poste da ferramenta. O diâmetro desejado é girado e verificado utilizando o calibre digital Vernier Calliper. O eixo é virado, torneado e acabado utilizando a máquina de torno.

5.9.3. Operação de corte:

O corte é a separação ou abertura de um objecto físico, em duas ou mais porções, através da aplicação de uma força dirigida de forma aguda. Os artefactos normalmente utilizados para corte são a faca e a serra, ou em medicina e ciência o tescalpelo e o micrótomo. No entanto, qualquer objecto suficientemente afiado é capaz de cortar se tiver uma dureza suficientemente maior do que o objecto a cortar, e se for aplicado com força suficiente. Mesmo os líquidos podem ser utilizados para cortar coisas quando aplicados com força suficiente. A tensão gerada por um utensílio de corte é directamente proporcional à força com que é aplicado, e inversamente proporcional à área de contacto. Assim, quanto menor for a área, menos força é necessária para cortar algo. Observa-se geralmente que os cantos de corte são mais finos para cortar materiais macios e mais grossos para materiais mais duros. O corte é um fenómeno compressivo e de tosquia, e ocorre apenas quando a tensão total gerada pela ferramenta de corte excede a resistência final do material do objecto a ser cortado. O disco é preparado utilizando a máquina de corte eléctrica. Em primeiro lugar, a marcação das dimensões é feita na placa e, em seguida, a perfuração é feita nesta marcação e, consequentemente, o disco é cortado no círculo adequado pela máquina de corte eléctrica.

5.9.4. Operação de Perfuração:

Os furos são caracterizados pela sua aresta afiada no lado da entrada e pela presença de rebarbas no lado da saída (a menos que tenham sido removidas). Além disso, o lado interior do buraco tem normalmente marcas de alimentação helicoidais. A perfuração pode afectar as propriedades mecânicas da peça de trabalho ao criar baixas tensões residuais em torno da abertura do buraco e uma camada muito fina de material altamente tenso e perturbado na superfície recém-formada. Isto faz com que a peça de trabalho se torne mais susceptível à corrosão e à propagação de fissuras na superfície de tensão. A operação de acabamento pode ser feita para furar brocas, quaisquer lascas são removidas através das flautas. As lascas podem formar espirais longas ou pequenos flocos, dependendo do material, e parâmetros de processo. O tipo de lascas formadas pode ser um indicador da maquinabilidade do material, com lascas longas sugerindo uma boa maquinabilidade do material. A operação de perfuração é levada a cabo por uma máquina de perfuração do tipo coluna vertical. tanto o arbusto como o disco são perfurados por este tipo de máquina.

5.9.5. Operação de soldadura:

A soldadura é um processo de fabricação ou escultura que une materiais, geralmente metais ou termoplásticos, utilizando calor elevado para fundir as peças e permitindo o seu arrefecimento, causando fusão. A soldadura é distinta das técnicas de união de metais a baixa temperatura, como a brasagem e a soldadura, que não derretem o metal de base. Além de fundir o metal de base, um material de enchimento é normalmente adicionado à junta para formar um conjunto de material fundido que arrefece para formar uma junta que, com base na configuração da solda, pode ser mais forte do que o material de base A pressão também pode ser usada em conjunto com o calor ou por si só para produzir uma solda. A soldadura também requer uma forma de escudo para proteger os metais de enchimento ou metais fundidos de serem contaminados ou oxidados. Muitas fontes de energia diferentes podem ser utilizadas para soldadura, incluindo uma chama de gás (química), um arco eléctrico (eléctrico), um laser, um feixe de anelectrão, fricção, e ultra-som. Embora seja frequentemente um processo industrial, a soldadura pode ser executada em muitos ambientes diferentes, incluindo ao ar livre, debaixo de água, e no espaço exterior. A soldadura é uma tarefa perigosa e são necessárias precauções para evitar queimaduras, choques eléctricos, danos na visão, inalação de gases e fumos venenosos, e exposição a radiação ultravioleta intensa. A soldadura é utilizada neste projecto é a "Soldadura por Arco", que é mais simples e menos dispendiosa em relação a todos os outros processos de soldadura. A soldadura é utilizada para unir o cabo, bem como para fixar a rolha à máquina. O arco pode ser guiado eithermanualmente ou mecanicamente ao longo da linha da junta, enquanto o eléctrodo ou simplesmente transporta a corrente ou conduz a corrente e funde ao mesmo tempo para fornecer metal de enchimento à junta. Porque os metais reagem quimicamente ao oxigénio e ao azoto no ar quando aquecidos a altas temperaturas pelo arco, é utilizado um gás de protecção ou escória para minimizar o contacto do metal fundido com o ar. Uma vez arrefecidos, os metais fundidos solidificam para formar a ligação metalúrgica.

5.9.6. Operação de moagem:

A prática da rectificação é uma grande e diversificada área de fabrico e fabrico de ferramentas. Pode produzir acabamentos muito finos e dimensões muito precisas; no entanto, em contextos de produção em massa, pode também desbastar grandes volumes de metal muito rapidamente. É normalmente mais adequada à maquinação de materiais muito duros do que à maquinação "regular", e até às décadas mais recentes era a única forma prática de maquinar materiais como os aços endurecidos. Em comparação com a maquinagem "regular", é normalmente mais adequada a cortes muito superficiais, tais como a redução do diâmetro de um eixo em meio milésimo de polegada ou

12.7 pm. A moagem é um subconjunto de corte, uma vez que a moagem é um verdadeiro processo de corte de metais. Cada grão de abrasivo funciona como um corte microscópico de ponta única (embora de elevado ângulo negativo), e cisalha uma pequena lasca que é análoga ao que convencionalmente se chamaria uma lasca "cortada" No entanto, entre as pessoas que trabalham nos campos de maquinagem, o termo corte é muitas vezes entendido como referindo-se às operações de corte macroscópico, e a rectificação é muitas vezes categorizada mentalmente como um processo "separado". É por isso que os termos são normalmente utilizados separadamente na prática da oficina. A trituradora portátil é utilizada para a operação de peças irregulares como disco, cabo. A tolerância de acabamento superficial é mantida abaixo de 0,05mm.

5.9.7. Operação de fresagem de superfície

A fresadora era a fresadora (muitas vezes chamada moinho). Após o advento do controlo numérico computorizado (CNC) nos anos 60, as fresadoras evoluíram para centros de maquinação: fresadoras aumentadas por trocadores automáticos de ferramentas, armazéns de ferramentas ou carrosséis, capacidade CNC, sistemas de refrigeração, e recintos. Os centros de fresagem são geralmente classificados como centros de maquinação vertical (VMCs) ou horizontal (HMCs). A integração da fresagem em ambientes de torneamento, e vice-versa, começou com a usinagem de ferramentas vivas para tornos e a utilização ocasional de fresas para operações de torneamento. Isto levou a uma nova classe de máquinas-ferramentas, máquinas multitarefa (MTMs), que são construídas propositadamente para facilitar a fresagem e o torneamento dentro do mesmo envelope de trabalho.

5.9.8. Montagem de peças:

Todas as peças foram fabricadas e acabadas com as dimensões desejadas, pelo que a montagem é efectuada. Após as peças terem sido atingidas a pintura resistente à corrosão, a fixação das peças é feita com ferramentas adequadas como chaves de fendas, chaves de fendas e chaves de fendas. A montagem é feita na indústria do membro do projecto para a disponibilidade das ferramentas adequadas utilizadas para a montagem.

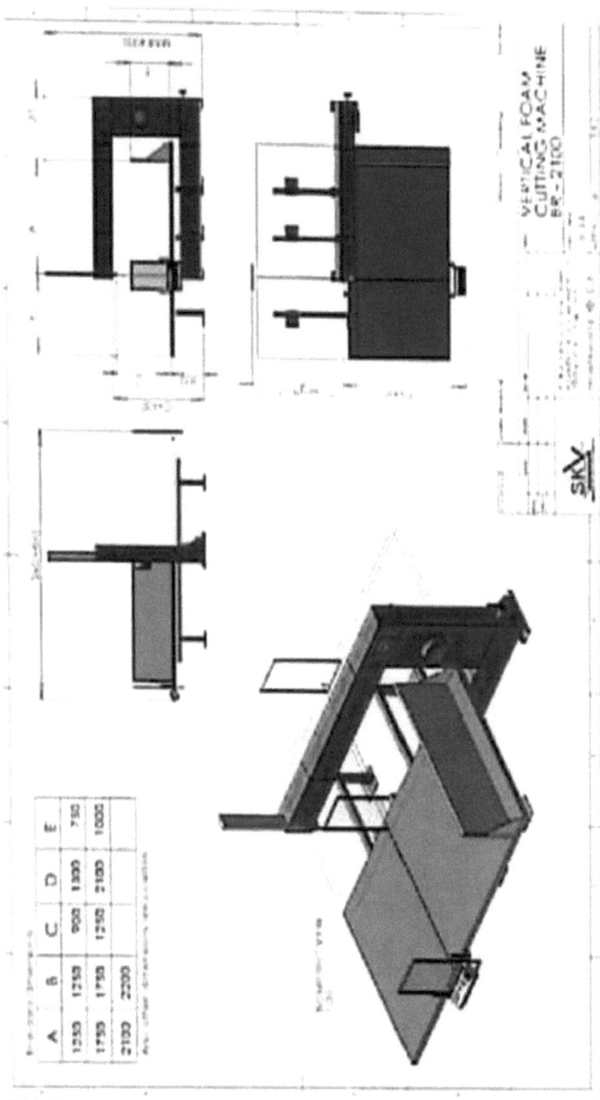

Fig.6.1. Montagem de máquina de corte de espuma.

CAPÍTULO 6

CUSTO DO MATERIAL

5.10.   CUSTO TOTAL DO MATERIAL:

Nome da peça	Material	t em kg	comido/kg	Total Taxa
MATERIAL BRUTO	LDPE	1000	128	12800
MATERIAL BRUTO	BANCO DE ESTER	50	550	27500
BLOCOS DE AÇO	MILD SIDERURGIA	45	4500	202500
DIE	H-13 SIDERURGIA	11	4000	44000
			TOTAL	2,86,800/-

7.2. CUSTO DE MAQUINAGEM:

Nome da máquina	ng Tempo(Hrs)	Taxa /hr	Taxa Total Rs/-
Corte	15	500	7500
Soldadura	13	600	7800
Lixagem de superfície	4.5	800	3600
Perfuração	3	400	1200
CNC	12	2500	30000
		TOTAL	50,000/-

7.3. CUSTO DA PEÇA PADRÃO:

SR NÃO.	DESCRIÇÃO	QTY	TE/ UNIDADE	OTAL CUSTO
1	5/2 SOLINOIDE D.C.V	1	1250	1250
2	CILINDRO PNEUMÁTICO	2	550	1100
3	ACESSÓRIOS PNEUMÁTICOS	8	40	320
4	TUBO PNEUMÁTICO	12 Mtr.	30	360
5	VÁLVULA DE CONTROLO DE FLUXO PNEUMÁTICO	4	180	720
6	FRL UNIT	1	1250	1250
7	SERVO MOTOR	1	35000	35000
9	CHAIN	1	2500	2500
10	SPROCKET	2	1280	2560
11	UNIDADE DE CONTROLO	1	8000	8000
12	SISTEMA DE CUTTER	1	15000	15000
13	FASTENERS	-	-	1200
TOTAL				69,260/-

7.4. CUSTO DE TRANSPORTE E DESPESAS GERAIS = 48.000 / -

CUSTO DO PROJECTO = Custo do material + Custo de maquinação + Fundição da parte STD + Custo de transporte e despesas gerais

= 2,86,800 + 50,000 + 69,260 + 48,000 = 4,54,060 /-Rs.

8   Vantagens & Aplicação
8.1. Vantagens:

1)   Fornece vários tamanhos e tipos de corte da espuma.

2)   O funcionamento da nova máquina de corte de espuma é bem controlado.

3)   Quaisquer formas circulares de espumas podem ser facilmente cortadas de acordo com as necessidades.

4)   A nova máquina de corte de espuma é um sistema bem equilibrado.

5)   Tem aproximadamente maior eficiência do que a da velha máquina de corte de espuma em máquina de aplicação de baixo custo.

6)   Minimiza o desalinhamento e é necessário menos espaço no solo.

7)   Só são necessárias estruturas de apoio simples. O desenho e fabricação é fácil.

8)   É um processo mais rápido de corte de espuma.

9)   Uma grande variedade de materiais de espuma pode ser cortada facilmente.

10)   Perfis altamente precisos podem ser facilmente obtidos através do corte de espuma.

11)   Mais preciso e económico na produção em massa no corte de espuma.

12)   Uma peça de trabalho acabada é cortada em menos tempo.

13)   Aumenta a segurança e as condições de trabalho no corte de espuma.

8.2. Aplicações
1)   É utilizado para o corte de todos os tipos de material de espuma.

Detalhes do produto:

* Comprimentos longos de tubos de diferentes cores são extrudidos da máquina de 1300 mm de comprimento.

* Estes tubos de 1300 mm estão a ser cortados em tubos de 65,5 mm que são chamados de dardos.

* Diâmetro exterior - 12,8 mm a 13,4 mm.

* Diâmetro interior - 6,00mm a 6,5 mm.

* Peso de um dardo simples - 0,25 gms a 0,30gms.

* Comprimento de um único dardo - 65,5 mm.

* Comprimento do tubo completo - 1320 mm

* Peso do tubo inteiro - 5,2 gms.

* Força do tubo - mais de 5,5 libras.

* Produzido em várias cores diferentes - vermelho / azul / azul celeste / amarelo / laranja / branco / azul escuro, etc.

CONCLUSÃO

Ao concluir este relatório, sentimo-nos bastante realizados por termos concluído a tarefa do projecto bem a tempo, tivemos uma enorme experiência prática no cumprimento dos prazos de fabrico do modelo do projecto de trabalho. Estamos, portanto, felizes por afirmar que o cálculo da aptidão mecânica provou ser um propósito muito útil. Embora os critérios de concepção tenham imposto problemas desafiantes que, no entanto, foram ultrapassados por nós devido à disponibilidade de bons livros de referência. A selecção das matérias-primas de escolha ajudou-nos na maquinação dos vários componentes a uma tolerância muito próxima, minimizando assim o nível do problema de equilíbrio. É desnecessário sublinhar aqui que não tínhamos levantado nenhuma pedra por virar nos nossos esforços potenciais durante a maquinagem, fabrico e montagem do modelo do projecto, para nossa inteira satisfação. O modelo por nós desenvolvido cumpre os objectivos requeridos, reduzindo os esforços humanos e o tempo em operações de corte de espuma e extrusão de tubos de espuma. Da mesma forma, mantém a precisão no processo de corte de espuma e extrusão de tubos de espuma. Realizou a operação mais rígida com corte de espuma de alta velocidade em qualquer tipo de perfil redondo. Após algumas modificações nesta máquina, desenvolveu uma unidade de automatização da broca para que a máquina pudesse ser facilmente adoptada nas actuais instalações automatizadas. Por conseguinte, estamos satisfeitos com o nosso trabalho de projecto.

ÂMBITO DO FUTURO

No futuro, a máquina de extrusão e de corte de espuma pode ser polivalente, combinando uma máquina vertical que alcançou benefícios óptimos no que diz respeito à fiabilidade, aparência de segurança e facilidade de utilização para o corte de espuma. A extrusão de espuma tem mais precisão do que nunca. O tamanho do molde é variável de acordo com o produto. Todos os objectivos estabelecidos para este sistema serão alcançados com sucesso. Em termos de concepção mecânica, o eixo X, o eixo Y, o módulo do eixo Z e o módulo da máquina de corte de espuma dos efeitos finais serão concebidos e fabricados correctamente no futuro. Todas as fixações e acoplamentos do motor serão devidamente ajustados. No futuro, gostaríamos de expandir as características e a aplicação da máquina de corte de espuma, utilizando o processamento automático de modo a optimizar o seu desempenho. O desenvolvimento da máquina de corte automático de espuma será feito no futuro, utilizando programação informática. No seu desenvolvimento, o custo incorrido é muito competitivo e relativamente barato em comparação com as máquinas de corte de espuma CNC disponíveis no mercado. Vários testes devem ser realizados para ajustar os parâmetros apropriados, tais como o atraso do tempo ou a velocidade de rotação do motor para o trabalho ideal. Nos nossos trabalhos futuros, continuaremos a melhorar diferentes aspectos da máquina de corte de espuma, a fim de ter a sua função de corte de espuma de uma forma mais económica e eficiente.

REFERÊNCIAS

[1] Um estudo sobre o processo de extrusão de metal, Rahul Ranjan Yadav, Yogesh Dewang e Jitendra Raghuvanshi, International Journal of LNCT, Vol 2(6) ISSN (Online): 2456-9895, pp.124-130.

[2] Pankaj M.Patil, Prof. D.B. Sadaphale, A Study of Plastic Extrusion Process and its Defects, International Journal of Latest Technology in Engineering, Management & Applied Science (IJLTEMAS), Volume VII, Edição IX, Setembro de 2018 | ISSN 2278-2540,pp.13-20.

[3] R.A. Orzel,' S.E. Womble,' F. Ahmed,' e H.S. Brasted, Espuma Flexível de Poliuretano: A Literature Review of Thermal Decomposition Products and Toxicity, Journal of The American College Of Toxicology, Volume 8, Número 6,1989, Mary AM Liebert, Inc., Publishers, pp. 1139-1175.

[4] B. Herzhaft, Rheology of Aqueous Foams: a Literature Review of some Experimental Works, Oil & Gas Science and Technology - Rev. IFP, Vol. 54 (1999), No. 5, pp. 587-596.

[5] Emre Demirtaş, Hakan Ozkan e Mohammadreza Nofar, Extrusão de Espuma de Poliestireno de Alto Impacto: Effects of Processing Parameters and Materials Composition, International Journal of Material Science and Research, Volume 1 , Issue 1, 2018, pp.9-15.

[6] J G Khan, R S Dalu e S S Gadekar, Defeitos no Processo de Extrusão e o seu Impacto na Qualidade do Produto, Int. J. Mech. Eng. & Rob. Res. Vol. 3, No. 3, Julho 2014,pp. 187- 194.

[7] Sunil Kumar, P.S Rao, Impact Of Extrusion Process On Product Quality, International Research Journal of Engineering and Technology (IRJET) e- ISSN: 2395-0056, Volume: 06 Edição: 01 | Jan 2019,pp.115-124.

[8] Atish Chahare, K. H. Inamdar, A Review On Process Parameters Affecting Aluminium Extrusion Process, ICRTESM,2016, pp. 923- 928.

[9] Khurmi R. S.,Gupta J.K., Atextbook of machine design, primeira edição, S.
Chand
Publicação,1979.

[10] Ballany P. L.,Thory of machines & mechanisms,Twenty forth edition, Khanna publishers,2005.

[11] Bhandari V.B.,Design de elementos de máquinas,18ª edição, MC graw- hill companies,2003.

[12] PSG College of Technology,Coimbatore dados de design, primeira edição Kalaikaikathir
Achchagam,2003.

[13]

yes **I want** morebooks!

Buy your books fast and straightforward online - at one of world's fastest growing online book stores! Environmentally sound due to Print-on-Demand technologies.

Buy your books online at
www.morebooks.shop

Compre os seus livros mais rápido e diretamente na internet, em uma das livrarias on-line com o maior crescimento no mundo! Produção que protege o meio ambiente através das tecnologias de impressão sob demanda.

Compre os seus livros on-line em
www.morebooks.shop

Printed by Books on Demand GmbH, Norderstedt / Germany